# 进 化 的 旅 程

## 人类

王章俊 著

童趣出版有限公司编　人民邮电出版社出版

北　京

**图书在版编目（CIP）数据**

进化的旅程. 人类 / 王章俊著 ；童趣出版有限公司
编. -- 北京 ：人民邮电出版社，2021.9
ISBN 978-7-115-56199-2

Ⅰ. ①进… Ⅱ. ①王… ②童… Ⅲ. ①人类进化－少
儿读物 Ⅳ. ①Q11-49

中国版本图书馆CIP数据核字(2021)第051194号

著　　　：王章俊
责任编辑：王宇絜
责任印制：李晓敏

编　　　：童趣出版有限公司
出　　版：人民邮电出版社
地　　址：北京市丰台区成寿寺路 11 号邮电出版大厦（100164）
网　　址：www.childrenfun.com.cn

读者热线：010-81054177
经销电话：010-81054120

印　　刷：北京华联印刷有限公司
开　　本：787×1092　1/12
印　　张：4.33
字　　数：80 千字
版　　次：2021 年 9 月第 1 版　2022 年 10 月第 2 次印刷
书　　号：ISBN 978-7-115-56199-2
定　　价：30.00 元

# 序 言

　　如果把地球 46 亿年的历史浓缩成 24 小时，恐龙在 22 点 46 分 39 秒第一次出现，不到 1 小时后，在 23 点 39 分 30 秒，又从地球上消失。相比之下，人类出现得极其晚，在最后 1 分钟才诞生在非洲。但就在这 1 分钟的时间里，人类开始直立行走、制造石器、学会用火、发明高级语言，创造出了灿烂的文明。

　　今天，我们遥望飞翔、奔跑的史前生灵，寻觅我们祖先走出非洲的迁徙路线，犹如乘坐一架时光机器。我们回到 200 多万年前，看到祖先如何采集、狩猎，再到 1 亿多年前的白垩纪，见证恐龙如何进化成鸟类……穿越到 3 亿多年前的晚泥盆世，看到四条腿的鱼类如何登上陆地，从此拉开了四足动物繁衍的序幕……直到 5.3 亿年前的寒武纪，目睹蔚为壮观的"生命大爆发"，人类的有头鼻祖——昆明鱼隆重现身，开启了脊椎动物的进化之旅！

　　40 亿年前，地球上所有生命的始祖——露卡悄然面世。

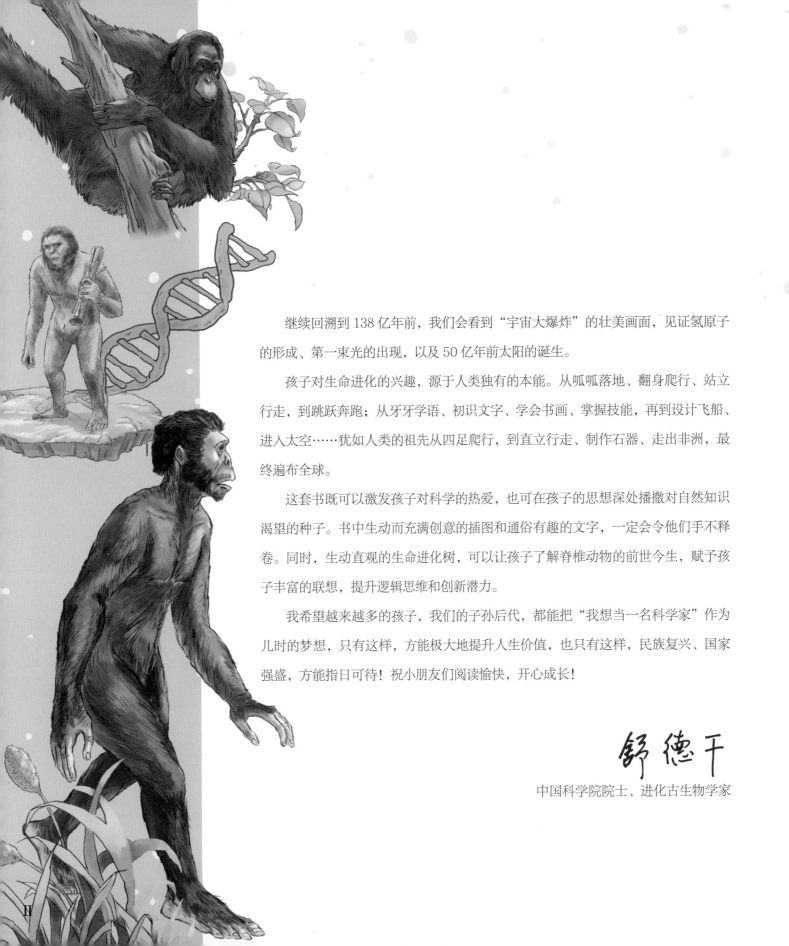

继续回溯到 138 亿年前，我们会看到"宇宙大爆炸"的壮美画面，见证氢原子的形成、第一束光的出现，以及 50 亿年前太阳的诞生。

孩子对生命进化的兴趣，源于人类独有的本能。从呱呱落地、翻身爬行、站立行走，到跳跃奔跑；从牙牙学语、初识文字、学会书画、掌握技能，再到设计飞船、进入太空……犹如人类的祖先从四足爬行，到直立行走、制作石器、走出非洲，最终遍布全球。

这套书既可以激发孩子对科学的热爱，也可在孩子的思想深处播撒对自然知识渴望的种子。书中生动而充满创意的插图和通俗有趣的文字，一定会令他们手不释卷。同时，生动直观的生命进化树，可以让孩子了解脊椎动物的前世今生，赋予孩子丰富的联想，提升逻辑思维和创新潜力。

我希望越来越多的孩子，我们的子孙后代，都能把"我想当一名科学家"作为儿时的梦想，只有这样，方能极大地提升人生价值，也只有这样，民族复兴、国家强盛，方能指日可待！祝小朋友们阅读愉快，开心成长！

舒德干

中国科学院院士、进化古生物学家

# 前言

　　孩子对宇宙中运行的天体、千奇百怪的动物，以及神秘莫测的自然现象天生充满好奇心，尤其是对史前动物——恐龙，更是表现出极大的兴趣，经久不衰。

　　每个生命都是一个不朽的传奇，每个传奇的背后都有一个精彩的故事。

　　学习自然科学知识，既要知道是什么，更要知道为什么，正所谓"知其然，知其所以然"。学习自然科学，就要抱着"打破砂锅问到底"的科学态度，了解表象，探索本质，循序渐进，必有所得。

　　这是一套专门为孩子量身定做的自然科学绘本（共4册），从"大历史"的视角，按时间顺序与进化脉络，将天文学、地质学、生物学的知识融会贯通，不仅让孩子知道宇宙天体的现在与过去，更让孩子了解鲜活生命的今生与前世。

　　发生于138亿年前的"宇宙大爆炸"，创造了世间万物，甚至创造了时间和空间。诞生于40亿年前的露卡，是一次次"自我复制"形成的最原始生命。一切生命，都由4个字母A、T、G、C与20个单词代码（氨基酸）书写而成。无论是肉眼看不见的领鞭毛虫或身体多孔的海绵，还是形态怪异的叶足虫或体长2米的奇虾，都是露卡的"子子孙孙"，也就是说，"所有的生命都来自一个共同的祖先"。

　　所有的脊椎动物，无论是海洋杀手巨齿鲨、爬行登陆的鱼石螈、飞向蓝天的热河鸟、统治世界的人类，还是侏罗纪—白垩纪时期霸占天空的翼龙、称霸水中的鱼龙、主宰陆地的恐龙，都有一个共同的始祖——5.3亿年前的昆明鱼。

　　人类的诞生只有400多万年，从树栖、半直立爬行到两足直立行走，从一身浓毛到皮肤裸露，从采集果实到奔跑狩猎，从茹毛饮血到学会烧烤，直到数万年前，我们最直接的祖先——智人，第三次走出非洲，完成了人类历史上最伟大、最壮观的迁徙，跨越海峡，进入欧亚大陆；乘筏漂流，抵达大洋洲；穿过森林，踏进美洲，最终统治世界五大洲。新石器时代，开启了人类文明之旅，从农耕文明到三次工业革命，直至今天，进入了人工智能时代。

　　我们希望这样一套书能带给孩子最原始的认知欲一些小小的满足，能带领孩子进入生命的世界，能让孩子在阅读中发现科学的美妙与趣味，那便是我们出版这套书最大的价值。

全国生物进化学学科首席科学传播专家

# 再见！恐龙

约 6600 万年前，一块巨大的小行星碎片撞在了地球上，碎片形成的巨大火球的温度达到了 10000 摄氏度，是现在太阳表面温度的近两倍！超高温让周围近千千米的生物在一瞬间都消失了。

同时，这次的撞击还引发了地震和海啸，导致大量火山喷发。地球上到处都是火山灰，火山灰云层有几千米厚，挡住了太阳光，地球气温急剧下降。这样噩梦般的环境持续了数万年，藻类、植物死亡，森林消失，食物链被破坏，很多动物都因为没有食物而饿死，有 75% ~ 80% 的物种灭绝，其中就包括陆地跑的恐龙、天上飞的翼龙和水里游的蛇颈龙、沧龙等。

这就是著名的第五次生物大灭绝事件。在这之后，哺乳动物突然繁盛，并呈爆发式发展，开启了"哺乳动物时代"，拉开了灵长类进化的序幕。

似鼩鼱（qújīng）动物：它们在这次大灭绝事件1000多万年后出现，也许是人类、啮齿类、鲸类等哺乳动物的祖先。

阿喀（kā）琉斯基猴：最早的灵长类动物。

摩尔根兽：最早的哺乳动物，卵生。它们生活在2.05亿年前的晚三叠世。

最像猴子的哺乳动物：更猴

很久很久以前，地球上出现了一种似灵长类动物，名叫更猴。它们长得有点儿像现在的猴子，也有点儿像松鼠。它们有爪子，眼睛长在头部的两侧，没有立体视觉，吃树叶、果实。不过它们灭绝得很早，跟现在的灵长类动物没有血缘关系。

约6000万年前

# 我们的远古祖先

约5500万年前

最早的灵长类：阿喀琉斯基猴

阿喀琉斯基猴是我们人类和各种猿猴、猩猩最早的祖先，它们的体长大约7厘米，体重不超过30克，还不如成年人的巴掌大。它们有修长的四肢、尖利的牙齿，大大的眼窝就像戴了一副眼镜。它们还长了一双比小腿还长的大脚，而且像类人猿一样，大脚趾和其他四个脚趾可以对握抓在一起。

4

约 4500 万年前

约 3800 万年前

### 早期的灵长类：中华曙猿

中华曙猿的个头儿跟阿喀琉斯基猴差不多大，它们曾生活在中国东部的雨林中。科学家认为，人类的祖先起源地有可能是在我们中国，"曙猿"这个名字，就是说它们的出现像"黎明时的曙光"。它们是类人猿的早期代表。

### 十分聪明的猴子：甘利亚

后来，地球上又出现了一种叫"甘利亚"的高等灵长类动物，它们已经长得很像猿猴了，而且已经懂得用牙齿咬开果实的外壳，享用其中的果肉和果仁。

# "脚踏实地"

　　大约1300万年前，生活在热带雨林的一些猴子渐渐地发生了改变，它们从树上爬了下来，开始尝试在地面活动。在这个过程中，它们慢慢从四条腿走路进化为"半直立行走"，尾巴反而成了累赘，后来基因突变，尾巴就突然消失了。但它们长出了阑尾，大脑也变得更加复杂，进化成了一个新的物种——类人猿。这是人类进化史上的第一座里程碑。

　　猴子由四条腿走路、脚掌着地行走，进化为两条后腿脚掌着地、前肢指掌型（手指半握，手指外侧着地）行走，也就是"半直立行走"。

从猴子进化而来的类人猿跟猴子有许多相似的地方，人们有时候很难区分它们。但其实区分方法很简单，猴子有尾巴和颊（jiá）囊——嘴里可以存食物的小仓库，而类人猿没有。

# 学会直立行走

　　最具代表性的一种类人猿叫森林古猿。它们聚集在一起生活，喜欢在林间跳跃，寻找树叶和果实作为食物，偶尔也下到地面，能半直立行走。它们的身材矮小，只有现代人类一两岁孩子那么高。

　　它们既是人类的祖先，也是现生大猩猩、黑猩猩和红毛猩猩的祖先。一部分森林古猿向红毛猩猩、腊玛古猿、巨猿进化，只有红毛猩猩存活到今天；另一部分因为森林的大量消失，不得不下地行走，体形慢慢变大，进化出具有直立行走能力的乍得人猿，最终进化成了今天的我们。

　　最早的人类祖先生活在约 100 万年前，在非洲发现的乍得人猿就是其中的代表。

学会两足站立、直立行走，是人类进化史上的第二座里程碑，也是脊椎动物进化史上的第八次巨大飞跃。

乍得人猿进化出了地猿，其中最著名的是地猿始祖种，昵称"阿迪"，可能是"人类的曾祖母"。她是最早能够习惯性直立行走的古猿，她的大脚趾与其他四趾分开，足弓未发育，还走不了远路。之后的阿法南方古猿可能是由地猿始祖种进化而来的。

# 相似的"堂亲"

基因组就是指一个生物的体细胞内所含该生物的全部遗传信息。一个生物的基因组就像一部大型百科全书。现代克隆技术就是利用生物体细胞的这一特点，培育出了一模一样的生物。

## 最大的古老类人猿：巨猿

巨猿大约生活在 200 万年前，30 万年前灭绝。它们站立时身高可以达到 3 米，体重超过 500 千克，是不折不扣的庞然大物，但它们性情温和，食物主要是竹子、树叶和野果。

## 红毛猩猩

红毛猩猩也叫猩猩，大约在 1200 万年前与人类的远古祖先"分道扬镳"。今天它们主要生活在亚洲东南部群岛上的热带雨林里，吃果实和蔓生植物，偶尔也吃鸟蛋或是小型动物。

基因组与人类的相似度约为 96%。

和我们血缘最近的类人猿：黑猩猩

黑猩猩与我们祖先——地猿始祖种，在血缘关系上差不多是"亲姐妹"。黑猩猩的智商较高，能使用工具，比如用树枝捕食白蚁，甚至制造工具捕猎丛猴。

基因组与人类的相似度约为 99%。

基因组与人类的相似度约为 98%。

现生最大的类人猿：大猩猩

大约 700 万年前，大猩猩和人类的祖先分化开来，它们和人类相似，具有社会结构，一个大猩猩群体通常由一只雄性和多只雌性以及幼仔组成。

黑猩猩能进化成人吗？

11

# 人类的祖母

　　干冷的气候让森林里的树木越来越少，空地越来越多。树木枯死了，本来住在树上的地猿始祖种们只好搬到地面来生活，它们进化成了新的物种——阿法南方古猿。

　　从树上搬到树下生活没什么难度，但随着树木的减少，吃饭成了大问题——它们喜欢吃的树叶和果实也变少了。被逼无奈，南方古猿开始捕获更多猎物，吃更多的肉了。

在地面生活、直立行走、足弓不明显、开始吃肉、脑容量增大、牙齿变小，这些特点使得南方古猿成为人类进化史上第三座里程碑的代表。

露西，阿法南方古猿，生活在 320 万年前，有"人类祖母"之称，我们人类的基因就是从露西那儿遗传来的。她的身高约 1.22 米，脑容量约 450 毫升，生前是一个 20 多岁的女性，她已经生过孩子，是不小心从树上掉下来摔死的。之所以叫这个名字，是她的发现者当时正在播放一首曲子，里面有个名字叫露西。

# 向远方前进

　　森林越来越少，其他的动物也在迁徙，阿法南方古猿的食物越来越少，它们也不得不离开心爱的森林，到稀树草原定居。有证据表明，南方古猿喜欢在既有稀树草原又有湿润沼泽的地方生活。后来阿法南方古猿在新的家园狩猎、奔跑，进化成了真正的人类——能人。

嘴部明显凸出，鼻子塌陷，牙齿粗大，上下颌骨向前突出，没有下巴。

保留了古猿的一些特点，浑身有较浓密的毛发。

上肢明显长于下肢，手指较长。

手骨和足骨比现代人粗壮。

1.4 米

能人

15

# 石器的曙光

　　能人的意思是"能干，手巧"的人，之所以叫这个名字，主要是因为能人已经学会制作粗糙的石器了。他们生活在 250 万 ~ 150 万年前的非洲，住在树上或树洞里，已经长出了足弓，跑得比祖先更快了，能更方便地抓捕一些灵活但是攻击力弱的中小型动物。

　　能人的食谱也发生了改变，既能够吃到更多的肉，还可以砸开大的骨头，吃里面的骨髓，这大大地促进了大脑的发育，于是他们的脑容量越来越大，能达到 800 毫升，变得更聪明了。能人的出现是脊椎动物进化史上的第九次巨大飞跃。

　　能人制造石器的方式还比较简单，只会用石头和石头互相敲打、用石头敲打山壁……这样制作出来的成品比较粗糙，一般被称为打制石器。

这是与能人化石一起出土的石器，这些石器经过简单打磨，可以用来进行砍砸和切割。

脑容量变得更大，能够制作粗糙的石器，开始有了足弓，这是人类进化史上的第四座里程碑，也象征着他们更接近现代人了。

# 直立人的出现

长期狩猎使得能人的身材也发生了一些变化，而大脑的持续发育也让他们越来越聪明，从而进化出了一个新的物种——直立人。最早的直立人是出现在非洲的匠人。这是脊椎动物进化史上的第十次巨大飞跃。

因为生活在炎热干旱的非洲草原上，匠人常常在烈日炎炎下长距离奔跑、追捕猎物，要出很多汗，但是浓密的毛发会阻碍他们排汗。所以，匠人在进化中褪去了身上的毛发。

匠人生活在 190 万～140 万年前的非洲肯尼亚附近，他们身材高大，成年匠人最高可达 1.8 米，平均身高也有 1.6 米左右，比能人要高 20～40 厘米，与我们现代人较为接近。

褪去体毛，皮肤效净黑。

鼻端明显隆起，鼻孔变大、鼻毛增多，可以避免呼气时体内水分的流失，更适合在炎热干燥的环境下生存繁衍。

由于长期奔跑，他们的胳膊进化得越来越短，最后变得比腿短。

体形上更像现代人，男性身高更加接近女性，而且有发育的足弓，能够长距离追赶猎物。

足弓，相当于人体的减震器，是前脚掌与脚后跟之间向上弓起的部分，只有人类才有足弓结构。足弓使人的脚更加坚固、轻巧并富有弹性，可承受更大的压力，也有助于减缓运动对身体产生的震动，同时还可使足底的血管和神经等免受压迫。

# 火从天上来

几乎所有的野兽都害怕火，因此，露宿荒野的人们往往燃起篝火，来驱赶野兽。

原始时期的火是怎么来的呢？在干旱的非洲草原，闪电往往会击中树木，引起大火。一次偶然的机会，匠人发现，那些被大火烤过的动物的肉和植物的根茎散发出诱人的香气，吃起来更加美味，并且容易咀嚼。他们开始有意识地收集天然火种，并通过维持火堆不灭的方式来使用火。经火烧烤过的食物更容易消化，丰富的营养让匠人的脑容量越来越大，匠人变得越来越聪明，他们学会制作更精致的石器，甚至开始进化出了语言能力。

佛罗勒斯岛上的小矮人

佛罗勒斯人，被称为现实版的"霍比特人"。由于岛屿面积小、资源稀缺，在自然选择的作用下，他们渐渐变矮、变小。最近的研究证实，佛罗勒斯人既不是能人，也不是智人，而是一种由匠人演变来的、变矮的"直立人"。

### "霍比特人"

**生活年代：** 10 万～6 万年前

**生活地点：** 印度尼西亚佛罗勒斯岛

**特点：** 体重 30 千克
身材矮小，身高不足 1 米
脑容量仅 400 毫升，相当于大猩猩的脑容量

脑容量增加到了
800～1000 毫升。

鼻头隆起

学会使用火，开始吃烤熟的肉。

上肢明显缩短。

开始有了简单的语言，能够交流。

因出汗导致身体褪毛，进化出不断生长的头发。

这是人类进化史上的第五座里程碑，具有代表性的有匠人及其后裔海德堡人。

# 走出非洲

一部分匠人向北到达了欧洲，进化成了欧洲海德堡人。

留在非洲的匠人，在80万年前进化成了海德堡人。

一部分匠人向东方前进，到达了亚洲。

1929 年，在北京周口店地区发现的北京猿人化石，首次证明了直立人的存在。北京猿人生活在 70 万～ 20 万年前。

在中国发现的元谋人、蓝田人和北京人，以及在印度尼西亚发现的佛罗勒斯人，可能都是非洲匠人的后代。

匠人们并没有止住自己的脚步，他们好奇地探索外面的世界。为了寻找更多的食物，他们越走越远，甚至走出了非洲，在世界各地散落开花，并进化成了新的物种。

这是历史上原始人类第一次走出非洲。需要说明的是，蓝田人、北京人和元谋人都不是中国人的祖先，他们在大约 20 万年前都已经灭绝了，只是在这片土地上生活过。

# 打猎的好手

　　遗憾的是，走出非洲的直立人由于气候或者其他原因，绝大多数都灭绝了。留在非洲的匠人继续进化，出现了新的直立人——海德堡人。海德堡人的平均身高已经达到了 1.8 米，并且由于常在野外奔跑、打猎，他们肌肉发达，十分灵活。

　　海德堡人是打猎的好手，他们已经不再满足于捕猎中小型动物了，很多大型动物都成了海德堡人的盘中餐。大脑发育得更好的海德堡人已经懂得了团队协作的力量，还发明了长矛。有了工具的帮助，他们的捕猎能力更强了。为了在捕猎时能够更好地沟通，他们还进化出了比较简单的语言。

大象、犀牛、
鹿、马和海德堡
人剪影对比。

大象　　　　　犀牛　　　　鹿　　马　　海德堡人

25

# 再次出发！

　　大约60万年前，也许是祖先留下的"流浪基因"在发挥作用，一部分海德堡人也开始了自己的长途迁徙，到达了欧洲。这是人类第二次走出非洲。

　　相比起他们非洲同伴的团队合作，欧洲海德堡人更喜欢独自一人或者很少的几人一起捕猎，大概是因为食物太少了。

地球环境的改变使得欧洲海德堡人被隔离开了，他们不得不适应欧洲的寒冷气候。为了避寒，他们开始寻找洞穴来栖息。

由于气候太冷，热量消耗大，欧洲海德堡人不得不吃更多的肉来补充热量。

欧洲海德堡人在约40万年前进化成了尼安德特人；而留在非洲的海德堡人在约30万年前进化成了晚期智人，也就是我们现代人最直接的祖先。但他们都没有想到，曾经的"堂兄弟"再碰面时，就要兵戎相见了。

# 穴居时代

尼安德特人被认为是介于直立人与现代人之间的人类，他们曾经统治着整个欧洲和亚洲西部，在 3 万年前灭绝。因为欧洲的气候寒冷，尼安德特人习惯在洞穴中生活，所以他们也被称为"穴居人"。

他们习惯将死去的同伴埋葬在自己生活的洞穴内，形成了简单的丧葬习俗。

语言不发达、沟通能力差，喜欢单枪匹马。虽然他们的脑容量很大，却不如晚期智人聪明。

鼻头很大，鼻孔较小，可以充分地用鼻子加热吸入的冷空气，保护肺部。

又矮又壮，平均身高 1.65 米左右，四肢不如非洲的祖先灵活，但肌肉很发达，用力量弥补了不足。

**尼安德特人**

天气寒冷，火成了尼安德特人的必需品，他们不仅会保存火种，还学会了人工取火。为了避寒，他们还掌握了剥取动物皮毛的技术，用皮毛来做衣服。

# 真正的祖先

在尼安德特人出现的同时，非洲的海德堡人也不断进化，最终成了晚期智人，简称智人，意思是"智慧的人"。他们身材修长，比例匀称，这让他们奔跑起来很灵活，跑得很快。智人很聪明，考古研究显示，智人已经会进行简单的绘画了，他们在曾经生活的地方，留下了许多壁画的痕迹。

智人的语言功能已经得到了进一步强化，互相之间能够很好地沟通，往往成群作战、集体捕猎，制作的工具也比较先进。他们是人类真正的祖先，与现代人十分相似。

智人的出现是脊椎动物进化史上的第十一次巨大飞跃。

克罗马农人是智人的一种，因其化石在法国的克罗马农山洞被发现而得名。他们已经很接近现代人类了，可以完全站立，动作迅速而灵活，四肢发达，会雕塑和绘画。

智人学会将木棍等材料结合石器一起使用，甚至创造了可以远程攻击的投掷型武器——投掷标枪。

现在全世界 76 亿人都有一个共同的祖先——智人。

# 史前战争

尼安德特人和智人是人类进化史上的第六座里程碑。

头颅较圆，有明显的下巴

语言发达，往往群体活动

身材匀称、体格高大

大腿骨的长度接近小腿骨

## 共同点

◎脑容量明显增大，平均1300～1650毫升

◎创造力更强，会制作更精良的武器，会制作简单的衣服保暖，会人工生火

◎有了交流的语言，开始埋葬死者

体形敦实，后脑勺明显，没有下巴

语言不发达，往往独自活动或狩猎

体格粗壮有力

大腿骨明显比小腿骨长

智人

尼安德特人

从人类祖先第一次走出非洲开始，各个种群之间的争斗就经常发生，为了争夺生存的地盘、获得更多更好的食物、扩大族群……在 16 万～5 万年前，智人开始走出非洲，与占据中东地区的尼安德特人多次大打出手，这是人类第三次走出非洲。

在单打独斗中，身强体壮的尼安德特人屡屡获胜。但是随着智人制造技术的飞速提高，他们凭借智慧和良好的沟通能力，采取团队作战的方式，最终打败了尼安德特人，并将他们赶到了环境十分恶劣的地方。尼安德特人最终从这个星球上消失了。

虽然尼安德特人最后灭绝了，但他们在与智人的接触中发生过混血，欧亚大陆现代人的基因平均约有 2% 来自尼安德特人。这些基因一方面帮助过我们的祖先抵抗病毒和细菌，避免了灭绝的命运；另一方面也给几万年后的我们带来了许多难以治愈的慢性病，如高血压、糖尿病、肥胖症，以及抑郁症、过敏症等。

# 征服世界

晚期智人在战胜尼安德特人后，迁徙的脚步并没有停止。我们一起来看看智人的征服世界之旅吧。

欧洲的智人——克罗马农人不是现代欧洲白人的直接祖先。

约 4.5 万年前

约 7 万年前

16 万 ~ 5 万年前，智人开始走出非洲。

现代 76 亿人有 4 种不同的肤色。

约 1.2 万年前，欧洲、亚洲、非洲，以及美洲都有了智人的身影。从此，智人占领了五大洲，开始"统治"世界。

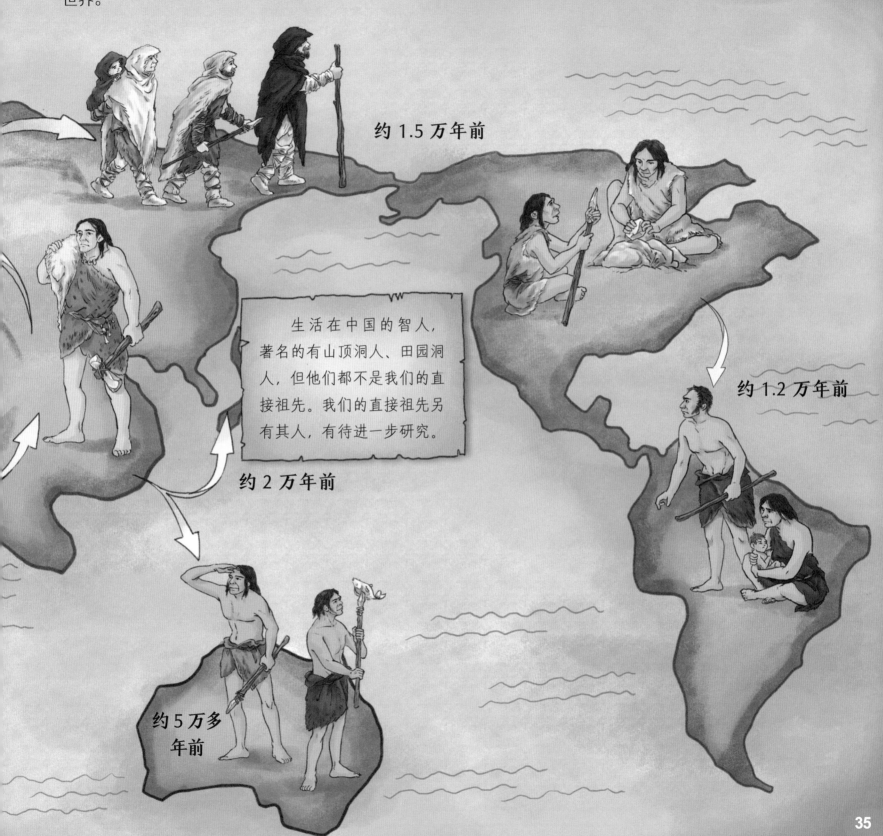

约 1.5 万年前

生活在中国的智人，著名的有山顶洞人、田园洞人，但他们都不是我们的直接祖先。我们的直接祖先另有其人，有待进一步研究。

约 1.2 万年前

约 2 万年前

约 5 万多年前

在人类进化的过程中，最显著的变化之一是脑容量的增加。大脑的发育使人类变得越来越聪明，适应环境的能力越来越强。到了约 3 万年前，我们祖先的脑容量就跟现代人相差无几了。

1300 万～900 万年前

森林古猿

脑容量约 167 毫升

约 700 万年前

乍得人猿

脑容量约 340 毫升

约 440 万年前

地猿始祖种

脑容量 380～400毫升

390 万～290 万年前

南方古猿

脑容量 400～530 毫升

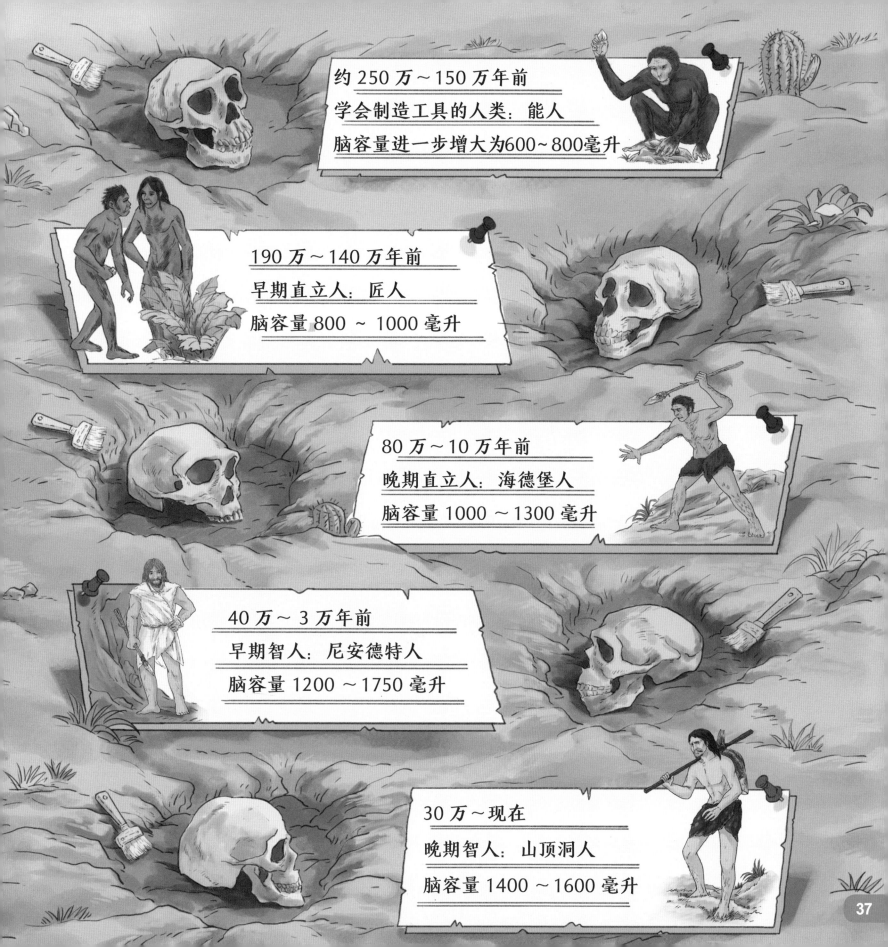

约 250 万～150 万年前

学会制造工具的人类：能人

脑容量进一步增大为600～800毫升

190 万～140 万年前

早期直立人：匠人

脑容量 800 ～ 1000 毫升

80 万～10 万年前

晚期直立人：海德堡人

脑容量 1000 ～ 1300 毫升

40 万～ 3 万年前

早期智人：尼安德特人

脑容量 1200 ～ 1750 毫升

30 万～现在

晚期智人：山顶洞人

脑容量 1400 ～ 1600 毫升

# 农业文明的兴起

　　智人经过不断的进化和发展，捕猎水平越来越高，运用的工具和武器越来越先进，能捕捉的猎物也越来越大。但是只靠捕捉野生动物，还是没有稳定的食物来源。在长期的狩猎生活中，人们渐渐学会了识别哪些动物性情比较温顺，适合饲养。于是人们开始抓捕一些动物，将它们圈养起来，驯化它们的幼崽。这样，就不用担心风霜雨雪，可以随吃随取了。

　　同时，在采集果实和其他作物的过程中，人们观察到了它们的生长规律，学会了分辨果实和种子，开始有意识地栽培起作物来。就这样，人类活动开始由采集、狩猎向畜牧、农耕过渡，农业文明时代开始了。

人类开始驯养家畜，
种植粮食。

狗不仅温顺，还很忠诚。
狗可能是最早被人类驯化的动
物之一，据推测，它们已经和
人类共同生活 10000 多年了。

羊、牛、马等动物通常没有很
强的攻击性，适合圈养。

小麦　　　　　高粱　　　　　水稻

水稻、高粱等是祖先们
常食用的作物。

# 中国古代农业文明

　　在约 10000 年前，中国就已经进入农耕文明，我们的先辈们渐渐在水源充足、气候适宜的平原地区定居下来，并且不断改进农具和生产方式。

　　到 2000 多年前的秦汉时期，中国就已经发展出了较为发达的农业技术。人们学会了驾驭耕牛，还发明了多种多样的铁制农具，如专门用来播种的农具犁和耧（lóu），翻地所使用的农具锄和耒（lěi），以及收割用的镰刀等，这些工具不但更加便利，而且经久耐用，使得粮食产量有了很大的提高。

驯化猪

　　中国驯化猪的历史可追溯到 8500 年前，在中国河南舞阳县就发现了家猪骨骼。

### 栽培谷子

中国在 1.1 万年前就开始栽培谷子，在河北徐水、北京门头沟都出土过谷子的残留物。

### 驯化大豆

在 5000 ～ 4000 年前的龙山时代，中国就出现了驯化大豆，汉代已开始大规模种植大豆。

### 温室栽培技术

中国最早的温室可能出现在秦代，秦始皇曾命人冬季在骊山陵谷中种瓜。但有关温室的最早确切记载出现在汉代，汉元帝在太官园中种植葱、韭菜等蔬菜，采用在屋内昼夜生火的方式来提高室内温度。

### 亚洲栽培稻的起源地

在中国湖南、江西、浙江等地就有 10000 年前稻作遗址。

# 不知疲倦的机器

在农耕文明时代，人们习惯了什么东西都自己动手，养蚕纺丝、织布做衣等，基本能够做到生活必需品自给自足，多出来的可以拿出去交易。由于手工生产效率比较低，所以大多属于家庭小作坊的形式，规模不是很大。

到了 18 世纪，英国人詹姆斯·瓦特彻底改造了原来只是用来提水的蒸汽机，使它可以广泛地运用到社会的其他领域。新兴的蒸汽动力机械可以不知疲倦地工作，生产效率大大提升了。从此，人类迈进了工业革命时代。此后的 200 多年里，日新月异的科学技术促进了工业技术的迅猛发展，最终形成了我们熟悉的现代化社会。

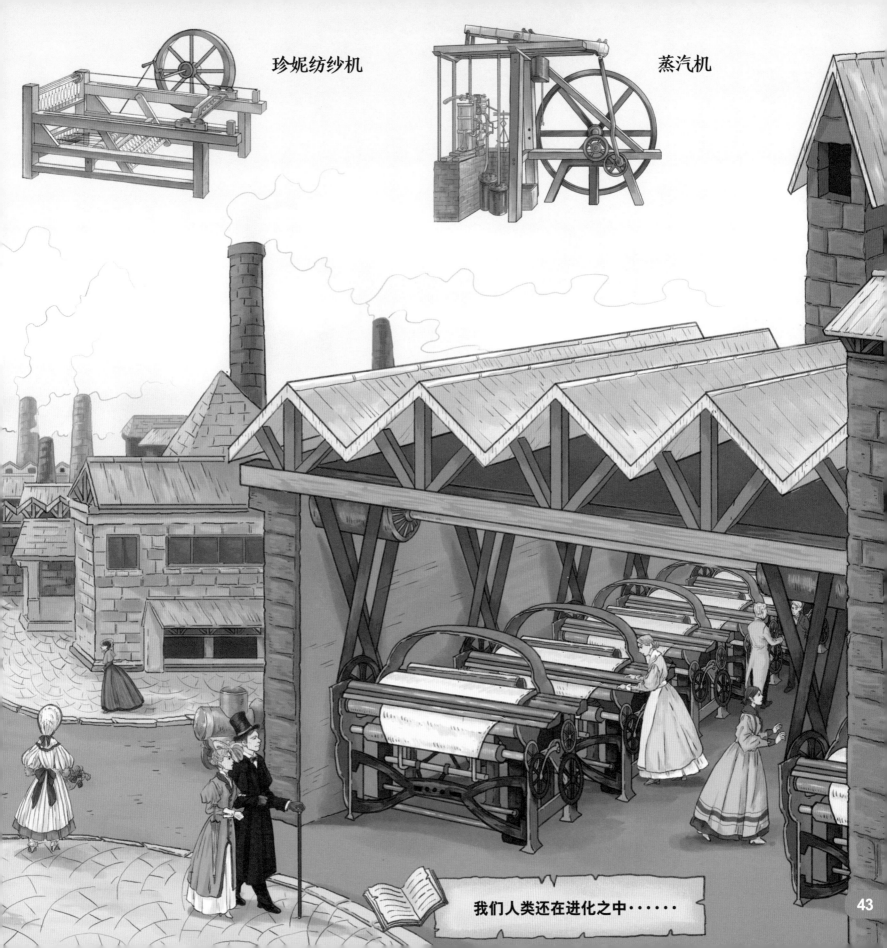

珍妮纺纱机

蒸汽机

我们人类还在进化之中……

# 人类历史上的工具

人类和动物最大的区别在于，人类不仅习惯了直立行走，而且会主动制造工具，并使用工具改造大自然，让自己的生活变得更美好。人类历史上曾经有过各种各样的工具，它们共同塑造了人类的历史。

## 石器（250万～10000年前）

最早的石器只是一些边角锋利的石块，是能人用两块石头相互撞击制造的粗糙石器，后来匠人和智人又学会了制作精致的石器。

## 陶器（10000～5000年前）

陶器是用黏土或陶土做成坯子，再经高温加工制成的。陶器用作盛放食物和水的容器，使得人类的定居生活更加容易了。

**铜器和铁器（5000 ～ 1000 年前）**

　　人类使用的铜器和铁器是用天然矿物冶炼而成的，后来还用铁和少量的碳制造出了更加坚固柔韧的钢材料，不管用作武器还是农具都更加得心应手了。

**蒸汽机：开启了工业革命（250 多年前）**

　　蒸汽机可以把蒸汽动力转化成往复的运动，从而带动机械的转动，在工业革命时期被广泛用于火车、机器和轮船等。

　　这是第一次工业革命，人类进入蒸汽机车时代；随后出现了第二次工业革命，进入电气时代；之后的第三次工业革命，进入信息技术时代；现在我们刚刚开启第四次工业革命，进入人工智能时代。

45